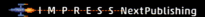

技術の泉シリーズ

JavaScriptで作る いまどきの ブラウザ拡張

Michinari NUKAZAWA 著

初心者も安心！
実例と解説で学ぶ
アドオン制作のすべて！

技術の泉 SERIES

インプレス

目次

- Augmentation your ordinary world wide web ···································· 5
前文：Fury、そして世界の見え方 ·· 5
本書の構成 ·· 7
参照URL ·· 7
免責事項 ·· 8
表記関係について ·· 8

第1章　WebExtensions開発を始める前に ··································· 9
1.1　ブートストラップ：WebExtensionsをブラウザーへ読み込む ············ 9
1.2　WebExtensions拡張機能の例 ·· 10

第2章　WebExtensionsの基本要素 ·· 12
2.1　WebExtensionsの内部構造 ·· 12
2.2　manifest.json(構成ファイル) ·· 13
2.3　icon(拡張機能アイコン) ·· 15
2.4　popup(ポップアップ) ·· 15
2.5　options_page(オプションページ) ······································ 18
2.6　content_scripts(JS) ·· 21
2.7　background(JS) ·· 24

第3章　WebExtensions要素を活用する ·································· 28
3.1　アイコンボタン ·· 28
3.2　コンテンツスクリプトの読み込み ······································ 28
3.3　Isolated world ·· 29
3.4　WebExtensionsによるタブのDOM操作 ·································· 31
3.5　WebExtensionsのクリーンアップ ······································ 32
3.6　バックグラウンドの消滅タイミング ···································· 32
3.7　Storage(API)によるデータの永続保持 ·································· 33
3.8　アイコンボタン押下コールバックとpopup表示 ························ 33
3.9　オプションページを表示する ·· 33
3.10　permission(使用権限の宣言) ·· 34

2 ｜ 目次

第4章　メッセージ通信 ·· 35
4.1　メッセージ送受信のAPI ·· 35
4.2　メッセージの送信・受信・応答 ·· 35
4.3　イベント契機でのメッセージ送信 ·· 37

第5章　プロジェクト構成 ·· 39
5.1　配布版パッケージの構成 ·· 39
5.2　プロジェクト構成 ·· 39
5.3　モジュールバンドラの導入 ·· 41
5.4　ビルドスクリプト ·· 42

第6章　デバッグと実行 ·· 43
6.1　デバッグ用ブラウザーの起動 ·· 43
6.2　開発用のChromeプロファイルで起動 ····································· 43
6.3　web-ext：FireFoxの拡張機能開発補助コマンドライン ····················· 44
6.4　ブラウザープロファイルに関するその他のTIPS ························· 45
6.5　ログコンソール console.log() ·· 47

第7章　ストア登録・リリース ·· 48
7.1　4MBサイズ制限 ··· 48
7.2　ストア表示用スクリーンショット (chrome) ····························· 49
7.3　アイコン (chrome) ··· 49
7.4　ビルド前プロジェクトおよびビルド手順の提示 (firefox) ················ 49
7.5　使用permissionに対する説明 (chrome) ·································· 50

第8章　WebExtensionsとスレッド/プロセス ···································· 52
8.1　ページスクリプトのスレッドと再描画 ···································· 52
8.2　コンテンツスクリプトのスレッド ·· 55
8.3　バックグラウンドのプロセス ·· 56

第9章　API互換 ·· 58
9.1　Chrome：メッセージ送信に失敗するとエラーとなる ····················· 58
9.2　ブラウザー種別の判定 ·· 59
9.3　polyfill ··· 59
9.4　chrome.*系APIの非互換 ·· 59

付録A　その他の経験やTIPS ……………………………………………………61

  A.1　セキュリティー等で使用できない機能 ……………………………………61

  A.2　クリップボードAPIの不全 ………………………………………………62

  A.3　拡張機能のインストール・アップデート・削除時にアクションする ……………62

  A.4　コンテンツスクリプトを挿入できないURLとページ ……………………………62

  A.5　不完全なエラーの通知 ………………………………………………………63

  Information ………………………………………………………………………67

- Augmentation your ordinary world wide web -

　本書は、JavaScriptで動作するブラウザー拡張の標準規格『WebExtensions』を用いた、クロスブラウザーアドオン開発を扱う。

前文：Fury、そして世界の見え方

　技術書を書くには、ある種の怒りが必要だ。
　では私は、ブラウザー拡張開発の何に怒っているのだろう？

　『GTK/Qt/electron』を執筆したとき、私はGTK/Qtに怒っていた。
　『クロスプラットフォーム・デスクトップアプリケーション・フレームワーク』というやたらに名前が長い技術は、フリーソフトウェアに勝利をもたらし悪のWintel連合を打倒して、コンピューターと人類の自由な未来を切り開くはずではなかったのか？
　そういった過去の怒りを精算するために本を書いた。
　『ゼロから作るTrueTypeフォントファイル』執筆の動機は率直に言って、『ある種の自己不信』への怒りだった。
　フォントを売り物にしておきながら、基礎技術への理解に乏しい自分自身への怒り。
　前著『GTK/Qt/electron』では既に終わっていた経験を扱い、技術的には未知への挑戦をしなかった、臆病な自分への怒り。
　それらの怒りを払拭するために本を書いた。
　もちろん執筆動機の全てではないけれど、怒りの感情は確かに実在していて、時に進むための力になってくれる。

　一方で、ヒトは怒りのみで生きているわけではない。
　GTKは私に、『本物の』アプリケーションを作れるという自信を与えてくれた。
　『Reactで書くhello world』や『OpenCVでLenaの顔輪郭抽出をできるようになるまで』といった、小さくて非実用なチュートリアルのアプリケーションとは違う。
　Qtやelectronへの挑戦も、根底にはGTKで開発できた実績が背中を押してくれた。
　フォントは私に、商売を実践させてくれた。
　アメリカでティーンエイジャーがレモネード売りをするような微笑ましい商売だが、それでも間違いなく『私のビジネス』だった。
　そしてWebExtensionsは、私のネットサーフィンにおける些細だが煩わしい問題を解決してくれた。
　実際に日常使いできるアプリを作れるようになったという、大きな喜び。
　怒りと分かち難い大きな感情の動き。
　願い、感謝、喜びもまた、開発と執筆の動機だった。

そもそもWebExtensionsには、FireFoxブラウザーを作るMozillaによる公式チュートリアルがあり、Chromeを擁するGoogleが書いたスタートガイドもある。

　にもかかわらず、技術書が必要とされてしまう隙間が『どうして』そして『どこに』あるのか。

　WebExtensionsにおいて最も有名な非互換は『広告ブロックにまつわるmanifest v3の攻防』として知られる。

　将来的に、FireFoxとChromeの広告ブロッカーAPIは非互換なものとなるらしい。

　けれど率直に言ってしまえば、ほとんどの開発者にとって広告ブロッカー開発用のAPIなどどうでもよい。

　開発者にとって影響が大きい断絶は、『ページへWebExtensionsを挿入する方法』という根幹部分がブラウザー毎に異なることだ。

　ブラウザー拡張の根幹たるmanifestファイルのフォーマットすら、FireFoxとChromeで異なっている。

　そんな中で、Mozillaは2023年にChromeのmanifest v3へ対応を開始するとアナウンスした。

　そうなれば問題は解決し、本書は不要なものとなるのだろうか？

　残念ながら、そうはならない。

　Web上の解説記事には、MV2時代など古いChromeの説明がそのまま残ってしまっている。

　また、WebExtensions開発環境の構築やプロジェクト構成などは、古びることはあってもまったく役立たなくなるということはない。

　FireFox(Mozilla)がmanifest v3を有効化してもなお、ブラウザーが相手のストアを有効化した後も、互換性問題が完全消滅することはおそらくない。

　そしてありえない仮定だが、世界にブラウザーがひとつきりになったとしても、いつかの未来でWebExtensionsが廃止される日まで、本書は役に立つだろう。

　私たちは毎日インターネットに助けられているが、同時に多くの小さな不満にも晒されている。

・ハートではなく『いいねボタン』を返せ

・amazonの嘘っぱちセール価格が許せない

・英語読めない!!

・皇紀ってなんだ西暦で書いてくれ(『負けた』と書くためだけに年号が必要？)

・twitter見てたら休日終わってた

・すべてのWebサイト上で寿司が流れていないこの世界を革命したい

　そもそもなぜ、Webサービス開発の技術を持つ大勢の開発者が、サイトにちょっとしたパッチを当てれば解決するような些末な不満を我慢しなければならないのか。

　我々は経験と引き換えに『自分にだってSNS程度は作れる』という無鉄砲な生意気さを失ったかもしれないが、だからといってWeb技術者がSNSサービスの気にいらないボタンアイコンに妥協しなければならない理由がどこにあるのか。

　不足は不満であり、不満は怒りだ。

　WebExtensions技術は、Web上での不満を解決する力をあなたに与える。

　WebExtensionsが登場し、JavaScriptで表示されているHTMLが自在に改変できるようになった

以上、あなたが毎日見ているインターネット世界がカスタマイズ不可能であることに甘んじる技術的理由は、もはやない。

あなたの怒りを開発力に変換し、あなたが強いWebExtensions開発者になり、JavaScriptであなたのインターネットを思い通りに書き換えるためのサポートを目的として、本書は書かれた。

そうしてあなたが、今よりもっとすごいインターネットエクスプローラになる一助になることを願い、本書を刊行する。

本書の構成

1章ではまずサンプル等を動かすために、ブラウザーへ開発中のWebExtensionsを読み込ませる方法を説明する。

また、いくつかの実用WebExtensionsを取り上げる。後の解説で度々登場する内外の拡張機能を紹介しつつ、WebExtensionsで何ができるかを解説する。

2章では、WebExtensionsの基本要素について、単純なサンプル拡張を開発し動かしながら紹介する。またデバッグコンソールによる初歩的なデバッグを説明する。

3・4章では、実用的WebExtensions開発をするために必要な基礎知識を紹介する。

5章では開発用プロジェクト構成を提示し、6章で開発環境の整備を行う。

本書は、広告ブロックAPI・モバイル版FireFox対応・異なる拡張機能の間での連携・ネイティブアプリ連携を対象外とする。

また、Chrome・FireFoxをターゲットとし、Safari・Edge・Opera等はフォローできていない。

参照URL

Google『Extensions - Chrome Developers』
https://developer.chrome.com/docs/extensions/
Mozilla『ブラウザー拡張機能』
https://developer.mozilla.org/ja/docs/Mozilla/Add-ons/WebExtensions
Google『Samples - Chrome Developers』
https://developer.chrome.com/docs/extensions/mv3/samples/
Mozilla『拡張機能の例』
https://developer.mozilla.org/ja/docs/Mozilla/Add-ons/WebExtensions/Examples
Kobe University プログラミング基礎演習(Chrome拡張機能編)(Takeshi Nishida)
https://www2.kobe-u.ac.jp/~tnishida/programming/ChromeExtension-01.html
本書のサンプルコード
https://github.com/MichinariNukazawa/webextensions_book_examples

図 1: サンプルコードを頒布している上記 github ページ URL の QR コード

免責事項

　著者は、本書の記載内容および本書を利用したことによる、利用者または第三者に生じた損害・不利益について一切の責任を負いません。

　本書の記載内容について、正確性・有用性・妥当性について一切保証しません。

　本書の記載内容について、予告なしに変更することがあります。

表記関係について

　本書に記載されている会社名、製品名などは、一般に各社の登録商標または商標、商品名です。会社名、製品名については、本文中では©、®、™マークなどは表示していません。

第1章 WebExtensions開発を始める前に

1.1 ブートストラップ：WebExtensionsをブラウザーへ読み込む

　ブラウザーへ拡張機能をインストールするには通常、FireFox,Chrome共にそれぞれの拡張機能ストアから行う。

　WebExtensions開発を行うにあたって、開発中の拡張機能をブラウザーで動かすためには、下記の手順でローカルのプロジェクトを読み込む。

　Chrome:

　Chromeの場合、ブラウザーの拡張機能「デベロッパーモード」を有効化する必要がある。

　拡張機能の読み込みは、拡張機能のデベロッパーモードの有効化と同じtabページで行う。

　右端の3点風「Chromeの設定」アイコン > 拡張機能 > 拡張機能の管理

　右上「デベロッパーモード」をONすることで、開発中の拡張機能を読み込めるようになる。

　「パッケージ化されていない拡張機能を読み込む」にて、読み込ませたいWebExtensionsのmanifest.jsonがあるディレクトリーを選択(FireFoxがmanifest.jsonを選ぶのと異なる)。

図1.1: Chrome - 拡張機能の管理

　FireFox:

　ウィンドウ右端のハンバーガ風アイコン > 「アドオンとテーマ(about:addons)」タブ > 歯車アイコン「アドオンツール」ボタン > アドオンをデバッグ

　にて「デバッガー - ランタイム」タブを開く。

　またはURLに"about:debugging#/runtime/this-firefox"

図 1.2: Firefox - アドオンマネージャー

図 1.3: Firefox - デバッガー - ランタイム

「一時的なアドオンを読み込む」から、読み込みたいWebExtensionsのmanifest.jsonファイルを選択する。

1.2　WebExtensions拡張機能の例

　WebExtensionsで何が作れるのかを知るには、既存の拡張機能にどんなものがあるか知るのが手っ取り早い。

　本章では今後の説明で度々登場する拡張機能の紹介を兼ねて、WebExtensionsでどのような拡張機能が実装できるかを示す。

AdBlockPlus

https://addons.mozilla.org/ja/firefox/addon/adblock-plus/

ページ上に広告が表示されなくする広告ブロッカー。

気が散るgif動画広告や邪魔なポップアップ広告が取り除かれて、Webサーフィンに集中できる。

Amazon URL Shortener

https://r7kamura.com/articles/2020-11-04-amazon-url-shortener

AmazonサイトのURLから不要な部分を取り除いて短縮する。

Amazon商品をSNSやチャットツールで示す際に、URLのコピーや提示がしやすくなる。

MouseDictionary

https://qiita.com/wtetsu/items/c43232c6c44918e977c9

英単語の日本語訳を表示するマウスオーバー辞書。

海外のWebページを原文で読む際に、わからなかった単語だけを簡単に知ることができる。

lina_dicto_for_WebExtensions

エスペラント語の単語の日本語訳を表示するマウスオーバー辞書。

DaisyWarekiConv

ページ内の和暦（大正、昭和や皇紀）の横に、西暦で対応する年を表示する。

DanTagCopy・DanTagJa

DanTagCopyは多くの画像生成AIの学習元であるDanbooruで、画像に付けられたタグをプロンプト向けに整形しながらクリップボードにコピーすることができる。

DanTagJaは、Danbooruやブラウザー上のAI画像生成(StableDiffusion)のプロンプトに記載されている英単語のタグを日本語訳して表示する。

どちらも、AI画像生成のプロンプト作成を支援する拡張機能。

第2章　WebExtensionsの基本要素

WebExtensionsは、役割毎にいくつかの要素からなる。

この要素毎の役割の違いを理解していないと、『backgroundのjsでtwitterページ上の「ハート」を「いいね」ボタンに置き換えようとしたために、ページ上で何も変化が起こらない』といった間違いに余計な時間を使ってしまう。

拡張機能の役割は要素同士を連携させて実現するが、まずは各要素を呼び出す最低限のサンプルを提示する。

なお、本書は(志としては)クロスブラウザーなWebExtensions開発をテーマとするが、1章からのWebExtensions内部構成の説明でおよびWebExtensionsサンプルでは、簡単にするためにchromeをターゲットとする(都度FireFox向けの説明を入れることもある)。

2.1　WebExtensionsの内部構造

本書の以降の話がわかりやすいよう、よく使う要素とその関係性を紹介しておく。

まずは全体像がわかる登場人物の紹介程度に留め、技術的解説は次項以降まで遅延したい。

WebExtensionsファイル構成の全体像を下図に示す。

図2.1: WebExtensions 内部の要素と関係性

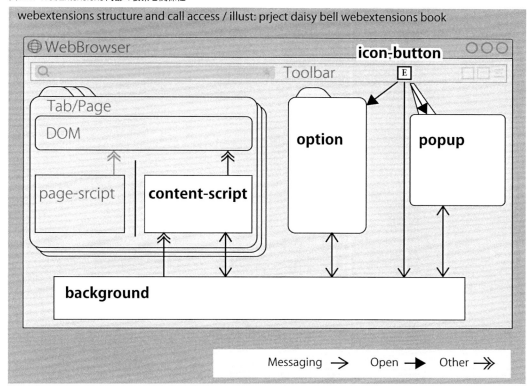

コラム：名前がないのか

　WebExtensionsを構成するファイル群については個別にコンテンツスクリプトなどの名前で呼ばれているが、これらを総称するユニットやモジュールといった呼び方はしないようである。
　あえて言うなら、Googleは『構造』、Mozillaは『概念』と呼んでいる。
　正直、本書のような解説が書きづらいので、総称する名前は付けておいてもらいたかった。

2.2　manifest.json(構成ファイル)

　manifest.jsonは、WebExtensionsの設定を記述したjsonファイル。
　manifestに書かれているのは、拡張機能のファイル構成と、拡張機能としての名前や使用パーミッションなどの自己紹介的な情報のみ。
　なので、WebExtensionsファイル構成と動作を図に起こすと、manifestの置き場所がなかったりする。

　****何もしない空のWebExtensionsを作る****
　開発中のWebExtensionsは、ルートにmanifest.jsonを配置したディレクトリーの形をとる。
　なのでまず、空ディレクトリーを作成し、次のmanifest.jsonファイルを用意する。

000_manifest/manifest.json
```json
{
    "manifest_version": 3,
    "name": "Hello WebExtensions",
    "version": "1.0",

    "description": "manifest.json only"
}
```

sample-webextbook/000_manifestに作成済みのものを用意した。
****開発中のWebExtensionsをChromeブラウザーで読み込む****
URLchrome://extensions/でタブを開く。
(または右上の設定アイコンから 拡張機能 > 拡張機能を管理)
「パッケージ化されていない拡張機能を読み込む」からmanifest.jsonの入ったディレクトリーを選ぶ。
(今回の場合は000_manifestディレクトリー)

図2.2: 拡張機能を読み込んだ状態

成功すれば、読み込まれたWebExtensionsが画像のように表示される。
manifest.jsonに記載した拡張名の"Hello Webextensions" および、バージョン、説明が確認できる。
以降、アイコン画像やjsファイルなど、WebExtensionsに必要な要素を追加する際はmanifest.jsonに記載することでブラウザーが読み込める。

2.3 icon(拡張機能アイコン)

アイコン画像を用意して、WebExtensionsに指定する必要がある。

拡張の動作中・停止の表現、ON/OFFボタン、操作ポップアップや設定画面への入口など、様々な役割を受け持つ。

また拡張機能アイコンは、ブラウザー画面上や拡張機能管理画面、ストアで表示される拡張機能の『顔』となる。

プロジェクトディレクトリー内にアイコン画像を置き、manifest.jsonに相対パスを記載する。

manifest.json 追記

```
"icons": {
  "128": "icons/light_on_128.jpg"
},
```

アイコンファイル名および保存するパスは何でもよい。

今回は、アイコン画像に128pxのPNG画像を使用した。

※128pxのPNGアイコンを作っておくと、後述のChromeWebStore登録の際に登録用アイコンを別途作り直す必要がなくなってよい。

2.4 popup(ポップアップ)

popupキーをmanifestに追加することで、ブラウザー右上の拡張機能アイコンをボタンにしてpopupを表示することができる。

WebExetnsions固有のUIとして、タブ毎の簡単な設定などに用いる。

popupのデザインと動作には、普通のページと同じHTML/css/jsを使用することができる。

****popupを追加する****

manifestにaction.default_popupキーを追加する。

値には、popupに用いるHTMLファイルを指定する。

manifest.json 追記

```
"action": {
  "default_popup": "popup/popup_menu.html"
}
```

popupのディレクトリーおよびHTML等のファイル名は何でもよい。

popup/popup.html

```
<!DOCTYPE html>
<html>
    <head>
        <meta charset="utf-8">
```

```
            <link rel="stylesheet" href="./style.css"/>
            <script src="popup_menu.js"></script>
    </head>
    <body>
        <h1>Hello WebExtensions popup example</h3>
        <button id="mybutton">BUTTON</button>

        <hr>
        <div id='message_area'>
        </div>
    </body>
</html>
```

popupのHTMLファイルを見ると、本当に標準のHTMLであることがわかる。
popup/popup.js と popup/style.css は割愛。

図2.3: 簡単な popup

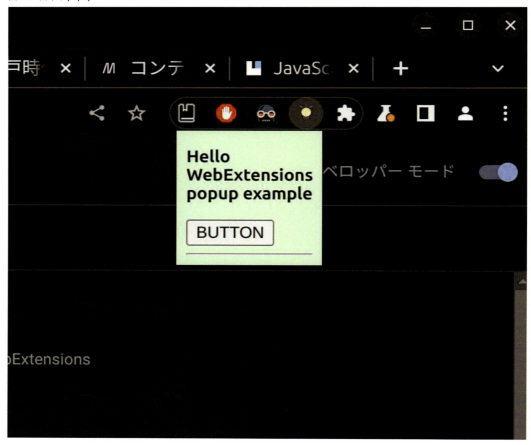

図 2.4: popup への DOM 操作は閉じるとクリアされる

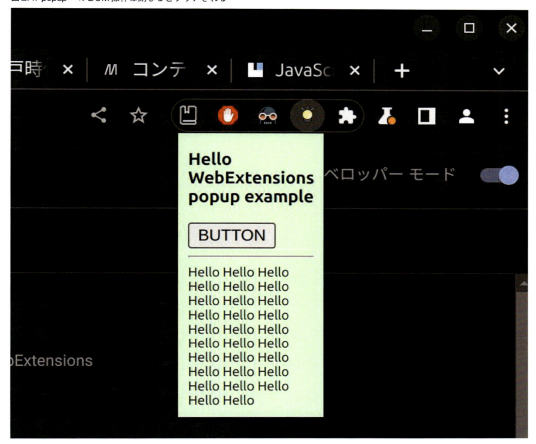

popup は、外でクリックするなどで簡単に閉じてしまう。

また、popup は閉じると DOM が破棄されるため、次回表示はリセットされる。

popup の使用例として、AdBlock Plus では表示タブで機能の停止と再開を切り替える。

図 2.5: AdBlock Plus - ON/OFF 切り替え例

2.5　options_page(オプションページ)

popup キーを manifest に追加することで、オプションページを表示することができる。

****オプションページを追加する****

manifest に options_page キーを追加する。

値にオプションページに用いる HTML ファイルを指定する。

manifest.json 追記

```
"options_page": "option_ui/option_ui_page.html"
```

option_ui/option_ui_page.js と option_ui/style.css は割愛。

オプションページのディレクトリおよび HTML 等のファイル名は何でもよい。

オプションページの HTML ファイルも、popup と同じように普通の HTML でよい。

****オプションページをブラウザーで開く****

図 2.6: 拡張機能アイコン右クリック

図 2.7: 拡張のオプションページ例

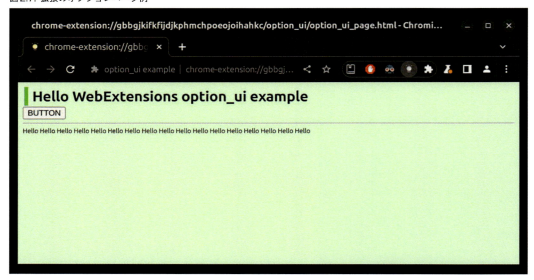

オプションページを表示するには、ブラウザー右上の拡張機能アイコンを右クリックして「オプション」で開くことができる。

オプションページの使用例としては、MouseDictionaryがオプションページにて辞書データのダウンロードと展開といった初期化を行う。

図2.8: Mouse Dictionary - 拡張のオプションページ例

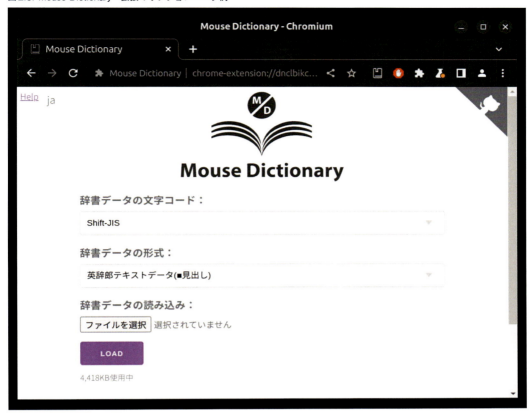

2.6 content_scripts(JS)

コンテンツスクリプトは、タブ・ページ側で動作し、DOMの読み書きを担当するJSのスクリプト。
コンテンツスクリプトは、タブ・ページ毎にそれぞれひとつずつ読み込まれる。
バックグラウンドスクリプトはブラウザー側にひとつのみ読み込まれる、という違いもある。
コンテンツスクリプトは "`<script>`" タグと同じように、ページにJSを挿入する仕組みと思っておけば（概ね）よい。

ページから情報を取り出したり結果をページへ反映するために、ほとんど全てのWebExtensionsでコンテンツスクリプトを使用することになる。

拡張機能の目的によっては、コンテンツスクリプトだけで実装できることもある。

****コンテンツスクリプトを読み込ませる****

ここではwikipediaのページ内でDOMからページタイトルを取得し、またページ上にconfirmダイアログを表示する簡単なサンプルを作成する。

manifest.json

```
{
  "manifest_version": 3,
  "name": "webex_example_003",
  "version": "1.0",

  "description": "sample",

  "content_scripts": [
    {
    "matches":[
        "https://*.wikipedia.org/*"
    ],
    "js": ["my_content_script.js"]
    }
  ]
}
```

コンテンツスクリプトは下記。

my_contentscript.js

```
console.log(get document title: "${document.title}")
window.confirm(hello. I am "${chrome.runtime.getManifest().name}")
```

図2.9: コンテンツスクリプトからのコンソールログ

図2.10: コンテンツスクリプトからのconfirm表示

backgroundと異なり、content_scriptはデバッグログがページ側のWebコンソールに出力されることが確認できる。

ページスクリプトの概念

HTMLの"`<script>`"タグから読み込むJSファイルにより動作する、タブ毎の実行環境・コンテ

キストを、WebExtensionsからの視点では『ページスクリプト』と呼ぶ。

図2.11: タブ内のJS実行環境とDOM

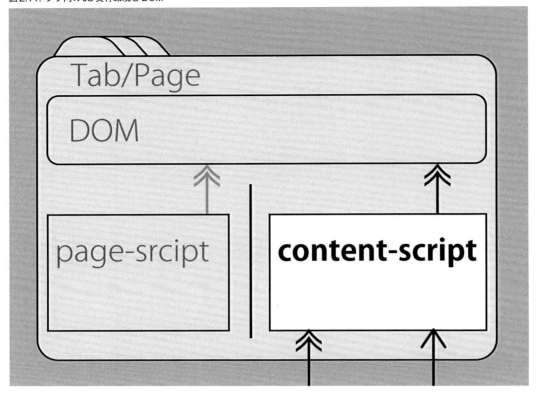

2.7　background(JS)

バックグラウンドスクリプトは、ブラウザー内部で動作し、WebExtensions固有の処理を担当するjsのスクリプト。

厳密な区別を置いておくと、サービスワーカーと呼ばれる場合もある。

backgroundとコンテンツスクリプトスクリプトの違い

バックグラウンドスクリプトはWebExtensionsにひとつしか存在せず、各タブおよびタブ上のDOMにはアクセスできない。

バックグラウンドスクリプトがブラウザーと密なAPIを持ち、ブラウザー内にひとつしか読み込まれないのに対して、コンテンツスクリプトはページごとに個別に読み込まれる。

図2.12: backgroundとコンテンツスクリプトスクリプト

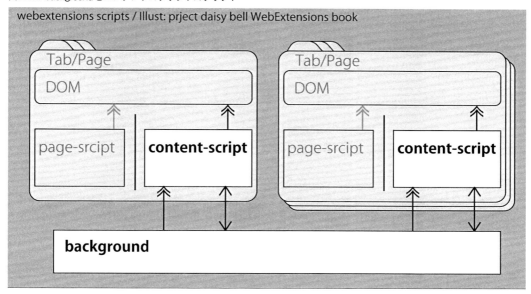

ページ内のjsでは制限されている、
・WebExtensions固有の動作
・ブラウザー自体への操作や
・HTTP通信の改変
・ブラウザー外のアプリの呼び出し
などはbackgroundで行う。

また、各タブのcontent_scriptsを繋いで共通のON/OFF状態を受け渡す橋となったり、各タブへ反映させたりする処理を担当することが多い。

****バックグラウンドスクリプトを読み込ませる****

ここではまず、manifest.jsonにバックグラウンドスクリプトを登録する最低限の簡単なサンプルを作り、バックグラウンドスクリプトのデバッグコンソールからブラウザーに読み込まれることを確認する。

001_background/manifest.json

```
{
    "manifest_version": 3,
    "name": "Hello bg",
    "version": "1.0",

    "description": "loading empty background script",

    "background": {
    "service_worker": "my_service_worker.js",
```

```
    "type": "module"
  }
}
```

backgroundのファイル名は何でもよい。

サンプルでは意味あることは何もしないが、読み込まれたことを確認するためにデバッグログを出力させる。

001_background/my_service_worker.js",
```
console.log("hello background script!")
```

manifestサンプルと同じ方法でWebExtensionsを読み込ませると、

図2.13:「ビューを検証 Service Worker」リンク

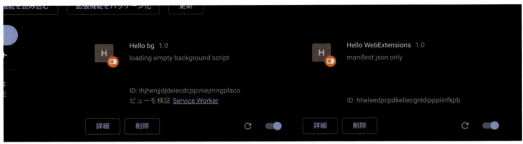

backgroundスクリプトを追加したことにより表示される「ビューを検証 Service Worker」というリンクをクリックすることで、別ウィンドウでDevToolsが開き、「コンソール」タブでbackgroundスクリプトのデバッグ出力を確認することができる。

図2.14: backgroundスクリプトのコンソールログ表示

バックグラウンドページ(オフスクリーンドキュメント)

バックグラウンドページは拡張機能が内部で使うための、画面上に表示されないページ。

バックグラウンドページ(またはイベントページ・オフスクリーンドキュメント)は、バックグラウンドスクリプトとは異なる。

MV2で"background.page"キーが存在するため、余計に紛らわしいが。

バックグラウンドページの実装には、通常のHTMLファイルおよびJS・CSSを用いる。

DOM操作などもバックグラウンドスクリプトからのみ行う。

なお、HTMLのバックグラウンドページがあるとき、このHTMLの "<script>" で読み込まれるJSがバックグラウンドスクリプトとなるので、ページとスクリプトの包括関係はどちらとも取れる。

バックグラウンドページの役割としては、Ajax通信、読み込んだページからDOM経由で情報を取り出す、クリップボード操作など。

第2章　WebExtensions の基本要素　　27

第3章 WebExtensions要素を活用する

WebExtensions要素を実際に拡張機能の中で使っていくのに、WebExtensionsの構成要素を紹介できたので、拡張機能の実現へ向けて、要素ごとに知っておく必要のあること、要素間の連携を知る必要がある。

ただし、要素間の非同期メッセージ通信は別章を立て説明する。

3.1 アイコンボタン

拡張機能アイコンはボタン化することができる。

ユーザー操作の起点となり、クリック後の動作は後述のpopupを表示するか、アイコン画像の変化でモード変更などを通知する。

****アイコンボタンのサンプルアプリ****

ここでは、アイコン画像を切り替える簡単なサンプルを作成する。

002_icon_ex/manifest.json 追記

```
"action": {},
```

アイコンボタンのコールバックをセットするには、manifest.jsonへ"action"キーの追加が必要。キーは追加されていれば、中身は空でもよい。

002_icon_ex/my_background.js

```
console.log("loading background script!")

chrome.action.onClicked.addListener((tab) => {
  chrome.action.setIcon({ path: "icons/light-off-128.jpg" })
})
```

実際のWebExtensionsでは、アイコンボタンのON/OFF切り替えはアプリ内で保持しているStateなどを用いる。

なお、アイコン画像の切り替えのAPIはChrome, FireFoxの非互換APIのうちのひとつである。本サンプルはChromeでしか動作しない。

3.2 コンテンツスクリプトの読み込み

コンテンツスクリプトの読み込み方法として、既に紹介したmanifest.jsonへのキー定義を含めて3種類ある。

28 | 第3章 WebExtensions要素を活用する

・declared statically：manifest 上の宣言
・declared dynamically：manifest 上の宣言・登録状態をスクリプトから書き換える
・programmatically injected：スクリプトからコンテンツスクリプトを挿入する

このうち、実際に使われるのは programmatically injected であることが多い。

具体的には、`chrome.scripting.executeScript()`API にてコンテンツスクリプトを挿入する。

実際の WebExtensions では、バックグラウンドスクリプトからコンテンツスクリプトを読み込み、content_scripts キーは使わない（らしい）。

少なくとも、市井の Web 記事などには推奨しているものがいくつかある。

content_scripts キーを使う場合、拡張機能のインストール直後に既に開いているタブへコンテンツスクリプトを読ませるのに、ページ再読込が必要となる。

また、SPA(シングルページアプリケーション)対応と説明されることが多いが、筆者は執筆時点でこの説明には懐疑的(少なくとも現代 JS には Observer が存在するので、URL によるページ変化を監視する必要はないはず)。

3.3　Isolated world

元ページのページスクリプトと WebExtensions のコンテンツスクリプトはコンテキストが隔離されており、JS 上で同名の関数や変数が使われていても衝突しない。

逆にいえば、互いに相手の関数を直接呼び出したり、変数を読み書きすることはできない。

第3章　WebExtensions 要素を活用する　29

図3.1: JS同士の「隔離された実行環境」

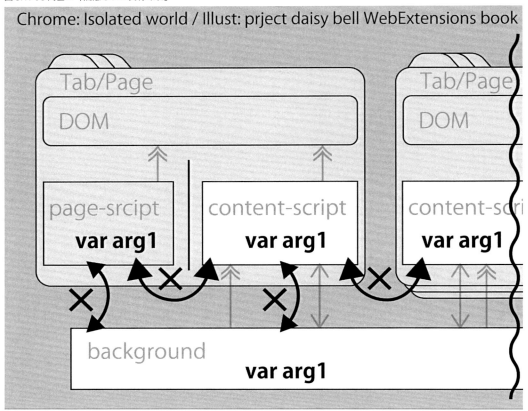

　これはChromeにて「コンテキスト」と表記され、またisolated worldと名付けられている「隔離された実行環境」とでも訳すべき概念で、ようは複数タブブラウザーで別タブのJS同士は干渉しないのと同じことがWebExtensions内外でも適用されている。

　なおFireFoxでは、コンテキスト分離に関する似た概念としてXray visionがある。

　WebExtensionsの構成要素であるバックグラウンド・ポップアップ・オプションページも、それぞれ固有のコンテキストを持っており、やはり互いに呼び出すことはできない。

　そのため、メッセージ通信することになっている。

　一方で、同じタブ上のコンテンツスクリプトとページのJSについては、コンテキストは隔離されているが、同じDOMを読み書きすることができる。

　コンテンツスクリプト・バックグラウンドも、ページスクリプトと同じように、ひとつの実行環境に複数JSファイルを読み込むことができる。

　同じ実行環境の中でJSファイル間で名前が共有されることは、jQueryやlodashの名前が衝突して困ったことのあるフロントエンドWebエンジニアには体感でよくわかるところだと思われる。

　コンテンツスクリプトとバックグラウンドが同じJSファイルを読んでも、実行環境がつながったりはしないのも、ページスクリプトと同じ。

図3.2: 同じJSファイルを読み込んでも名前空間は別々

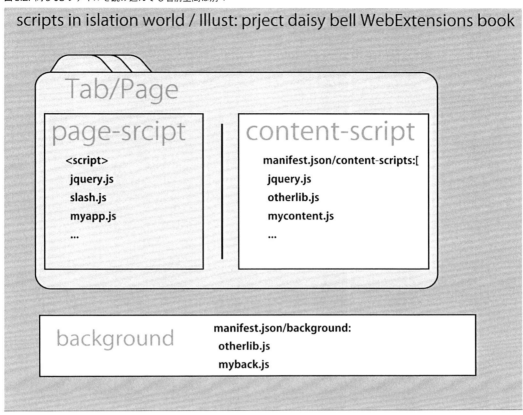

注意点として、MV2時代は下記の方法で名前空間の越境ができたのだが、MV3では軒並み廃止されている。

- コンテンツスクリプト側から chrome.extension.getBackgroundPage() を呼ぶことで、backgroundの名前空間にアクセスできた。
- DOM経由でメソッドを受け渡す(windowオブジェクトにメソッドを生やす)テクニックが存在した。

残っている方法として、コンテンツスクリプト挿入時のworld指定オプションがある。

manifest.json で isolated world しない設定

```
"content_scripts": [
  {
    "world": "MAIN",
```

3.4 WebExtensionsによるタブのDOM操作

現代的Web開発とWebExtensions開発における大きな違いとして、拡張機能のコンテンツスクリ

プトはタブ上で生DOMを扱うという点がある。

また Element 検索・Element 挿入などの DOM 操作についても、jQuery 的な生DOMをターゲットにしたライブラリーは導入することができるが、React や Vue の操作単位・便利なメソッド群は使用できない。

注釈として、ポップアップやオプションページの構築には、React や Vue といったプレビルド・動的ページ生成を使用できる。

コンテンツスクリプト開発では、デベロッパーツールで DOM 構造を眺めながら読み書きしたい Element へのアクセスパスを考えることになる(以下、Web 開発者ならば既に詳しいと思うが念のため)。

特定の Element を狙って開きたい場合、
FireFox:右クリックメニュー > 調査(Q)
chrome:右クリックメニュー > 検証(I)
から行う。

3.5 WebExtensionsのクリーンアップ

WebExtensions が行った DOM の変更は、タブを表示している間は消えない。

たとえば、WebExtensions はブラウザーを再起動せず削除できるが、DOM への変更は元に戻らない。

また、コンテンツ スクリプトの登録を解除しても、DOM は元に戻らない (`chrome.scripting.unregisterContentScripts()` による登録解除)。

また、既にタブへ挿入したコンテンツスクリプトも削除されない。

機能のON/OFFと同じようなクリーンアップ処理が必要となる。

とはいえ、開発中でなければ WebExtensions を削除・再読込するなどといった状況はほとんど起こらないし、タブを再読込してしまえばよいだけではあるので、必ずクリーンアップ処理が必要ということもない。

拡張機能をON/OFFできるようにしたければ、OFFにした際に挿入したコンテンツスクリプトを削除する方法はないため、メッセージングなどで停止する。

また、行ってしまった DOM 操作も拡張機能の責任で戻す必要があり、たとえば DaisyWarekiConv のようにページ中に追加した表示を削除したい場合、改めて DOM 操作で削除する必要がある。

3.6 バックグラウンドの消滅タイミング

background はブラウザーにより、任意のタイミングで生成・開放される。

なので、バックグラウンドスクリプト上に変数で状態をもたせるなどしてはいけない。

storage などを用いること。

「ビューを検証 Service Worker （無効）」で「無効」と表示されているとき、開放されている。

32　第3章　WebExtensions 要素を活用する

図 3.3: 「ビューを検証 Service Worker （無効）」

```
ID: kndofndkpjdhgglhcobfhjlbebagkiig
ビューを検証 Service Worker （無効）
```

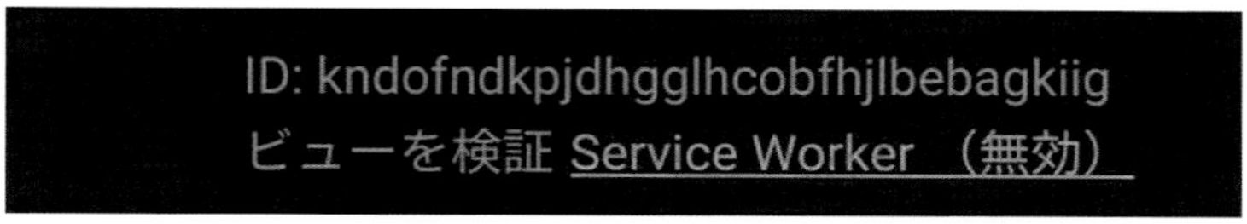

アイコンボタン押下など必要に応じて都度読み込まれ、変数の生成やコールバックのセットが行われる。

特に、Chrome では background のデバッグコンソールを開いている間は background が開放されないようで、開発中に background に変数で状態を持たせてしまう実装をしてしまっても問題に気づきにくいので、注意する。

3.7 Storage(API) によるデータの永続保持

WebExtensions のデータを保持するための保存領域が用意されており、Storage API でそれへアクセスする。

WebExtensions の状態や変数は原則的に揮発性で、また各『構造』も簡単にリソース開放されて消滅する。

たとえば、ポップアップは閉じるとページが開放されて初期化されるため、再表示でUIがリセットされるし、バックグラウンドさえコールバックが発生する度に再生成する前提で頻繁に開放される。

そのため、変数でON/OFFを保持することもできない。

コンテンツスクリプト・バックグラウンド・オプションページ・ポップアップ間の通信は主に後述の Message を用いるが、通知して即時反映する必要がない設定変更であれば、スイッチ ON/OFF など Storage を介して拡張機能内での共有を図ることができる。

StorageAPIについては、MouseDictionary での利用例の説明がわかりやすい。

https://qiita.com/wtetsu/items/2a5568cb0b5a38c003fb(strage の項目)

3.8 アイコンボタン押下コールバックと popup 表示

・アイコンボタンを押しての ON/OFF の切り替え

・popup を表示する

アイコンボタン押下コールバックと popup 表示は排他。というか技術的にはこのふたつは別物だが、アイコン画像は同じ画像を使い回せるのと、ユーザーからは同じものに見えるので。

3.9 オプションページを表示する

オプションページは標準の拡張機能アイコン右クリック以外に、WebExtensions の API から表示させることができる。

拡張機能アイコンクリックやショートカットキーを契機にして、オプションページを表示することもできる。

MouseDictionaryは、インストール後にオプションページを表示する。

3.10　permission(使用権限の宣言)

WebExtensionsは現代的アプリ開発・ストア環境であるため、例にもれず権限設定が存在する。権限はmanifest.jsonの"permissions"キーに指定する。

WebExtensionsが持つpermissionの特徴として、「キーワード」だけではなく「URL」があることが挙げられる。

「キーワード」を指定した場合、すべてのURLでキーワードで指定した機能を使用できる。

たとえば"scripting"を指定すると、すべてのタブへスクリプトを動的挿入ができるようになる。

「URL」を指定した場合、指定したURL下で複数のキーワードを指定した場合に相当するいくつもの機能を使用できる。

たとえば"*://developer.mozilla.org/*"を指定すると、このURL下のタブでスクリプトを動的挿入できるようになり、さらにcookieやネットワーク通信などができるよう、様々な権限が与えられる。

URLを指定することで許可される権限をまとめて、「host権限」と呼ぶ。

この「host権限」はMV3で"host_permissions"キーとなり、"permissions"キーから独立した。

ただし、多くの場合は次に説明する"activeTab"権限で事足りる。

activeTab

「キーワード」および「URL」パーミッションはそれぞれ許可する範囲が広すぎることから、適切な範囲として"activeTab"キーワードが用意されている。

"activeTab"権限が想定しているユースケースとしては、「アイコンボタン(action)がクリックされたら現在のタブへスクリプトを動的挿入する」といったものがある。

<all_urls>

"content_scripts.matches"キーや"host_permissions"で指定できる["<all_urls>"]と紛らわしいので注意。

34　第3章　WebExtensions要素を活用する

第4章　メッセージ通信

WebExtensionsの要素間はメッセージ駆動で繋がっており、メッセージとして任意のObjectを投げ渡せる。

ただし、Objectはシリアル化できるメンバーのみで、メンバー関数は渡せない。

Objectの構造は開発者の方で決める。

筆者はkindキーを必須にしてメッセージ種別を乗せ、種別毎に必要な情報のキーを追加して送信、受け取り側でkindキーを見てswitch分岐して受信後の処理、という実装を用いている。

4.1　メッセージ送受信のAPI

content_scriptsからbackground(等)へのメッセージ

```
送信(content_scripts発): chrome.runtime.sendMessage(message);

受信(background着): chrome.runtime.onMessage.addListener((message, ~)=>{~});
```

background(等)からcontent_scriptsへのメッセージ

```
送信(background発): chrome.tabs.sendMessage(tabId, message);

受信(content_scripts着): chrome.runtime.onMessage.addListener((message, ~)=>{~});
```

アクティブなタブへのmessage送信には"activeTab" permissionが必要。

アクティブでないタブにも送信したい場合、"activeTab"以外のpermissionも必要になる。

API互換は別章の話題のためここでは詳しく扱わないが、FireFoxはWebExtensions APIの一部にchrome互換APIを実装しており、メッセージ送受信はchrome.*()のメソッドが問題なく使用できる。

そのため、クロスブラウザー対応を見据えるとメッセージ送受信はchrome.*()系を使用すると都合がよい。

バックグラウンドが受信メッセージをハンドリングするシナリオは、主に以降に記載されるようなものがある。

4.2　メッセージの送信・受信・応答

タブのコンテンツスクリプトからメッセージを受信して、タブに応答する場合の実装を説明する。

具体例としては、ユーザー操作でページスクリプトで翻訳表示をするといった状況が考えられる。

第4章　メッセージ通信　35

この場合、コンテンツスクリプトから検索キーワードを受け取り、バックグラウンドが検索結果を返す。

メッセージの送信

まずは、単にメッセージ送信するだけの処理は下記の通り。

content_script.js

```
chrome.runtime.sendMessage({'mymsgkind':'query', 'word': 'candy'})
```

必要によりメッセージを送信するだけでは終わらない場合について、必要に応じて拡張を行う方法などについてもこの後説明を行う。

メッセージ受信とハンドリング

受信したメッセージのハンドリングを行う。

要点としては、バックグラウンドに送られてきたメッセージがonMessageに集まるため、メッセージは1種類とは限らない。

翻訳アプリで言えば、翻訳要求だけでなく、翻訳を表示する色の設定変更、辞書データの切り替え、等々の要望がメッセージとして送られてくるので、受信側で仕分けする必要がある。

実装方針としては、アプリ固有の種別(kind)を定義してセットしておき、送信メッセージのObjectにメンバーとしてセットすることで、そのメンバーの内容で処理を振り分けるという方法がある。

background.js

```
chrome.runtime.onMessage.addListener((message)=>{
  switch(message.mymsgkind){
  case 'query':
    searchAndReply(message.word)
    break
  case 'on_off':
    onoff(message.isOn)
    break
  case 'color':
    setColor(message.color)
    break
~
```

返答を返す

受信メッセージを元に固有の処理を行ったら、返答を返すことができる。

タブのコンテンツスクリプトから、メッセージ受信時に応答メッセージ用のハンドルが取得できる。

background.js

```
chrome.runtime.onMessage.addListener((message, sender, sendResponse)=>{
  // ** 応答方法1: responseで送信元へ応答
  sendResponse({'mymsg': "resp from bg"})
```

または、相手を特定してメッセージを送出する。

background.js

```
chrome.runtime.onMessage.addListener((message, sender)=>{
  // ** 応答方法2: responseに頼らずsendMessage()で送信元タブへメッセージ
  chrome.tabs.sendMessage(
    sender.tab.id, { 'mymsgkind' :' foo' ,'mymsg':"resp from bg"})
```

この方法でバックグラウンドからの返答をメッセージで送る場合、メッセージ受信の方法は変わらないので、コンテンツスクリプトでもバックグラウンドと同じように受信処理を実装できる。

送信元で応答を受け取る

応答メッセージ用のハンドル(sendResponse) により返された応答を受信する際の記法には、コールバックと promise のふたつがある。
どちらを使ってもよい。

content_script.js

```
// sendResponseによる応答をコールバック引数で受け取る記法
chrome.runtime.sendMessage({'mymsgkind':' query' , 'word' : 'candy' }, (response) =>
{
  console.log(response.myTranslated)
})
----
// sendResponseによる応答をpromiseで受け取る記法
let promise = chrome.runtime.sendMessage({'mymsgkind':' query' , 'word' : 'candy' })
promise.then((response) => {
  console.log(response.myTranslated)
})
```

例外発生等エラーが発生した場合については、今回は割愛する。

4.3 イベント契機でのメッセージ送信

ブラウザーの状態変化をコールバックで受け取り、タブへ通知する場合の実装を説明する。
具体例としては、WebExtensions アイコンをユーザーがクリックして ON/OFF 切り替えを行う、また popup で行われた WebExtensions の設定変更をタブに反映する、などが考えられる。

第4章　メッセージ通信　37

background.js
```
chrome.action.onClicked.addListener((tab) => {
  chrome.tabs.sendMessage(sender.tab.id, { 'mymsgkind' :' on' })
})
```

　または、tabIdがもらえないコールバックからタブへメッセージを送信したい場合は、下記のようにして取得したtabIdへ向けてメッセージ送信する。

background.js
```
chrome.runtime.onInstalled.addListener(() => {
chrome.tabs.query({ active: true, currentWindow: true }, (tabs) => {
  if(0 &lt; tabs.length){
    chrome.tabs.sendMessage(sender.tab.id, { 'mymsgkind' :' on' })
  }
})
```

　なお、chrome.tabs.query()について、拡張機能管理ページ(chrome://extensions)を開いていると、これもアクティブタブ扱いでtabId等が返ってくる。

　また、DevToolsを開いていると、tabsは空で返ってくる。

　これらの受信されない相手にメッセージを送ろうとすると、たちまちbackgroundのconsoleに

```
Uncaught (in promise) Error: Could not establish connection. Receiving end does
not exist.
```

エラーメッセージが現れることになる。

　ただし、メッセージ送信先がないエラーで拡張の動作が停止するなどの害はないので、必ずしも対処が必要というわけでもない。

第5章 プロジェクト構成

さて、本書ではあえて最も単純なケースのうちに、きちんとしたWebExtensions開発プロジェクトのディレクトリー構成・スクリプト構成を導入しておくことにする。

なぜなら、実行可能な配布版構成であれば、Mozilla, Googleが公式のサンプルで示している。

そこで本書では実際に、拡張機能を書こうとすると必要になるビルドシステム・ブートストラップ・デバッグ・機能実装のステップを示す。

また、読者はWeb開発に親しんでいるであろうから、この後出てくるnpmプロジェクトの構築を最初から手数に加えても認知的負荷がそれほどないだろうという期待もある。

本書では、標準的なnpmスクリプトを用いる(ビルドスクリプトに筆者は初期にはMakefileを用いていた)。

watchify, browserify等々系統のパッケージ選定については深入りしない。

5.1 配布版パッケージの構成

package directory tree

```
DaisyWarekiConv.zip
├──── manifest.json
├──── icons/icon128.jpg
└──── content_script.js
```

manifest.jsonだけはrootディレクトリーに置く必要がある。

iconを指定しないと、ブラウザーデフォルトの拡張機能アイコンが使用される。

content_script.jsがcontent_scriptsとしてWarekiConvアドオンの機能を担う。

これらを格納する配布用のzipはディレクトリーを掘らなくてよい。

なおmanifest.jsonで指定するJSファイル名は、何でもよい。

(例えば、content_scriptのファイル名をbackground.jsとすることもできるが、混乱するだけなのでやめておくことをおすすめする。)

5.2 プロジェクト構成

上のちょっとしたzipファイルを『いかにもWebExtensionsプロジェクトらしい』プロジェクト構成で作ろうとすると、下記のようなプロジェクト構成となる。

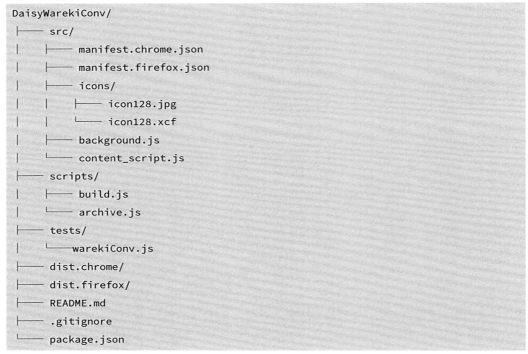

アイコン画像

最低限としては、128x128pxのPNG画像を1枚用意すればよい。

多くのサンプルでは48px,92pxの2枚用意していたりするが、WebExtensionsをとりあえず作る・公開したいという程度であれば128pxを1枚で十分。

ブラウザーがアイコン画像を適切なサイズに縮小するので、任せてしまう。

もちろん各画素数に合わせて専用画像を用意するに越したことはありませんが、ピクセルグリッドに合わせて描く、ドット絵職人のようにピクセル手打ち的に描く、という画像を用意するほどのこだわりがなければ

https://developer.mozilla.org/en-US/docs/Mozilla/Add-ons/WebExtensions/manifest.json/icons

FireFoxは、HiDPI画面向けに96pxの画像と少なくとも48px以上の2画像を推奨している。

・背景が明るくても暗くても視認できるアイコン(ダークモード対応)
・128x128pxのPNG画像
・うち、周辺16pxは透明なパディングにする(ので、使えるのは96x96pxの範囲)
・(これは見た目にという意味で厳密に開けなければならないものではない。URL下の方で説明・サンプル提示されている)
・囲い・ドロップシャドウを描かない（ブラウザーが勝手に付ける場合がある）

・正面を向ける（遠近法をつけない）

https://developer.chrome.com/docs/webstore/images/(icon の項目)

5.3 モジュールバンドラの導入

プロジェクトが複雑化し、jsコードの分割が必要になった場合、モジュールバンドラによる結合を検討する。

モジュールバンドラを用いる方法はWeb上に情報が多く、WebExtensionsで複数jsファイルを読み込むために必要な、固有の仕様の把握が不要となるメリットがある。

ただし、WebExtensionsでモジュールバンドラを採用する場合、『content_scripts, background等ビルドターゲットが複数ある』ため、モジュールバンドラには（"no configuration"の流行に反して）柔軟な呼び出しと設定オプションが求められる。

モジュールバンドラ以外の選択肢もあり、次の点を考慮して対応方法を選ぶ。

・ビルド速度

・ユニットテスト

・コード共有

・node module(CommonJS)やNPMパッケージのバンドル

・4MBを超える巨大ファイル(Storeによる制限)

特にcontent_scriptsまたはbackgroundが複数ファイルになった場合、通常のページのjsとはが異なるため、WebExtensions特有の事情を加味する必要がある。

popup, optionのjsについては、ほぼ通常のHTMLページと同じと考えて構成できる。

事前にインストールを行うWebExtensionsで、ファイルサイズのミニマイズを考える必要はない。

content_scriptsで複数JSファイル

content_scriptsで複数ファイルを用いる方法は複数存在する。

・manifestの`content_scripts.js`キーにて静的に複数ファイルを指定し、jsファイルを連結

・`scripting.executeScript()`にて動的に複数ファイルを指定しjsファイルを連結

・`runtime.getURL()`を用いて非同期でESModuleを`import()`

・モジュールバンドラによる連結

`content_scripts.js`キーおよび`scripting.executeScript()`は、複数のjsファイルを読み込ませることができる。

ただしこれは、moduleとして読み込むというより単に連結するため、逆にESModuleとimportは使用できない。

`runtime.getURL()`はESModuleを読み込むことができる。

ただし読み込む対象のjsファイルを"`web_accessible_resources.resources`"キーに登録する必要がある。

background

・(MV2のみ)バックグランドページを設定し、scriptタグにてjsファイルを連結

・(MV3のみ) "`background.type`"キーに"`module`"を指定しESModuleを`import()`

・`importScripts()`でjsファイルを連結する

・モジュールバンドラによる連結

backgroundはcontent_scriptsと異なります。

「manifestの`background.*`キーによる静的読み込み」

MV2の`background.scripts`キーはMV3にて廃止されています。

`background.serive_worker`キーは登録できるjsファイルが「1ファイルのみ」となっているが、`"type": "module"`を指定することでjsファイルを読み込むことができる。

ただし、これは（紛らわしいことに）ESModuleではない。

`import`文ではなく、`importScripts()`を使うこととされている。

また backgroundの `import()` では、import assertions(jsonなどファイルタイプの指定)および dynamic import(コード内で`await import()`など動的に読み込み)は使用できない制限がある。

なお、MV2の`background.page`キーはMV3で廃止され、`chrome.offscreen.*()`APIとなっている。

5.4　ビルドスクリプト

通常のWeb開発のように、ビルドスクリプトをpackage.jsonに構築する（なお、ビルドスクリプトはWebextensionsのリリースパッケージには含まれないため、npm開発のようなpackage.jsonのバージョンの取り扱いなどは不要となる。WebExtensionsに追従するなどせずいつまでも1.0のままでも構わない）。

fsモジュールではコマンドと違い、ディレクトリー下を一括コピーなどはワイルドカードを使えない。

Webextensionsはおおむね小規模なので、ひとつずつコピーしていけばよい。

筆者はwatchと別に、ビルド時に1回のみのビルドが行えるようにしている。

また、Watchを開始してビルドが成功すると`'' dest.+/"`下に「展開されたディレクトリー状態の」Webextensionsが生成されるようにして、開発中の拡張機能をいつでも最新状態でブラウザーへ読み込めるようにしている。

次に、これをブラウザーへ読み込んでデバッグしていく。

第6章　デバッグと実行

本章では WebExtensions 開発環境および、いわゆる「print デバッグ」に限らない便利な機能などを紹介する。

6.1　デバッグ用ブラウザーの起動

ブラウザーを使っていないヒトはほぼいないし、webextensions を日常使いしているブラウザーをターゲットに開発したいはずだ。

しかし日常使いしているブラウザーは何かしらカスタムされているし、開発中の WebExtensions のバグでセッションやブックマークが壊れると困る。

そこで、WebExtensions 開発に用いるクリーンなブラウザー環境を立ち上げる。

つまり、要望は概ね以下のとおり。

・ユーザープロファイル(ブックマークや履歴など)を通常使用と分ける

・開発中の WebExtensions （のディレクトリー）を読み込んだ状態で起動する

・書き換えられた WebExtensions を自動で再読み込みする

chrome ではコマンドライン、FireFox では web-ext パッケージを用いる。

6.2　開発用の Chrome プロファイルで起動

package.json の scripts キーに以下を追加

package.json 追記

```
  "start:chromium": "chromium --temp-profile --load-extension=dist.chrome/ ./dw_example.html",
```

npm run start:chromiumで実行。

https://github.com/mozilla/web-ext/issues/809

※ただし、chromeはwebextensionsの自動再読み込みを提供していない。

https://stackoverflow.com/questions/2963260/how-do-i-auto-reload-a-chrome-extension-im-developing

※また、筆者が確認した限り、chromeではタブをリロードしてもWebExtensionsは更新されなかった。chrome://extensionsでWebExtensionsの再読み込みボタンを押す必要がある。

図6.1: Chrome - 開発用プロファイルとアイコン初期状態

6.3　web-ext：FireFoxの拡張機能開発補助コマンドライン

web-extコマンドライツールを使うと、FireFoxを開発用のプロファイルかつ開発中の拡張機能を読み込んだ状態で起動することができる。

FireFoxのweb-extページ

https://extensionworkshop.com/documentation/develop/getting-started-with-web-ext/

web-extはnpmパッケージであるため、下記コマンドでインストールできる。

```
npm install -D web-ext
```

package.jsonのscriptsキーに以下を追加

package.json 追記

```
"start:firefox": "TMPDIR=tmp/ web-ext run --source-dir dist.firefox/ --arg=\"--new-tab=./dw_example.html\"",
```

npm run start:firefoxで実行。

図6.2: Firefox - 開発用プロファイル

デフォルトでは空のタブが開くが、--new-tabオプションにHTMLファイルやURLを指定することでデバッグターゲットにしているページを開いた状態で呼び出すことができる。

https://extensionworkshop.com/documentation/develop/web-ext-command-reference/

Ubuntu固有のweb-ext運用問題

**** 「Ubuntu Snapパッケージ化されたFirefoxがWeb-ext runで起動しない」 ****

https://github.com/mozilla/web-ext/issues/1696

Snapパッケージマネージャーによるアクセス権のエラーなので、TMPDIR=tmp/を頭に付けて解決。

****Watchのエラー****

```
Watchpack Error (watcher): Error: ENOSPC: System limit for number of file watchers reached, watch
```

watchされているディレクトリー数の上限に達しているエラーなので、sudo sysctl fs.inotify.max_user_watches=204800で解決。

6.4 ブラウザープロファイルに関するその他のTIPS

Chromeでは、--user-data-dirコマンドラインオプションを用いてプロファイルを分けること

ができる。

ただし、chromeをデバッグ用プロファイルで立ち上げた場合、拡張機能のデベロッパーモードをONにしないと「ビューを検証」のリンクが出現せずDevToolsのコンソールが見られない、という小さな躓きポイントがあるので注意。

FireFoxでは、プロファイルを別ディレクトリーに分けることができない。

正確には、--profileオプションでディレクトリー指定できるのだが、プロファイルが存在しない場合にはエラーとなる。

FireFoxでプロファイルをCLIから新規作成する方法はない（以前はあったが廃止されたらしい。https://superuser.com/questions/104890/create-firefox-profile-via-command-line）。

エラーダイアログYour Firefox profile cannot be loaded. It may be missing or inaccessible.がポップする。

図6.3: Firefox - プロファイルのエラーダイアログ

図6.4: Firefox - プロファイルの選択ダイアログ

そのため、-Pオプションを用いて、FireFox規定のプロファイルのパスとファイルの中に新しい

46　　第6章　デバッグと実行

プロファイルを作成することになる（注意して作業しないと日常使いのプロファイルを消してしまう懸念がある）。

ダイアログが出てくるので、適当に「Create Profile」する。

FireFoxではCLIから`about:debugging`等が開ける。

ChromeではCLIから`chrome://extensions`を開く方法はない（見つけることができなかった）。

6.5　ログコンソール console.log()

容易さと簡便さにおいて、いわゆる『printデバッグ』を超えるものはない。

WebExtensionsは開発者コンソールを用いたデバッグにもいくつか注意点がある。

アプリと拡張、ブラウザーとページ、そういったものの境目にWebExtensionsがあるためである。

WebExtensionsでは下記のように、ログコンソールが通常使う1つだけではない。

FireFoxの場合:

・Webコンソール

・ブラウザーコンソール

・開発者コンソール

の3つのコンソールが存在する。

Chromeの場合:

・デベロッパーツール

・「ビューを検証」横からDevTools

・「エラー」

・popupのHTML画面のDevTools

といった複数のコンソールが存在する。

※「ビューを検証」には、`Service Worker`またはバックグラウンド ページがある。

デバッグコンソールをふたつ開いていたため取り違えていた、なんてこともあるので、デバッグ機能を把握してWebExtensions構造との対応関係を理解しておくことは重要。

第7章 ストア登録・リリース

　本章ではWebExtensionsのリリース方法として、ストア登録を中心に説明する。

　ブラウザーは拡張機能のインストールは拡張機能ストアからを前提としている。

　自分だけで使うにしても、ストア公開されていた方がサブPCなど複数端末に展開するのが容易になる。

　そのため、社内の秘密業務と密接に関わる・使い捨てツール・とてもストアに登録できない用途(直球でR18G、等)、などといった理由でもなければ、ストア登録するべきとなる。

　WebExtensionsのリリースパッケージは、manifest.jsonをroot階層に含むzipファイルの形をとる。

　このzipファイルをgithubにアップロードするだけでは使い勝手が悪い。そのため、リリース作業としてストア登録することになる。

　拡張機能名などの基本的な項目は、アップロードしたリリースパッケージから自動で読まれて反映されるが、ストア側に個別にアップロード・記載する必要のある項目もある。

　本章ではストア対応のTIPS、ストア間の差異によるストア毎に固有の対処などを解説する。

　FireFoxはAMO (addons.mozilla.org)・ChromeはChromeWebStoreとそれぞれの拡張機能ストアを持つが、本稿ではそれぞれ単にFireFox・Chromeの「ストア」と呼ぶ。

7.1　4MBサイズ制限

　FireFox・Chromeともに、ストアで公開できるWebExtensionsのファイルサイズに最大4MBという制限をかけている。

　WebExtensions開発の段階から、4MBを超えないように注意する。

　ほとんどのWebExtensionsでは普通に開発していてファイルが4MBを超えることはないが、翻訳系の拡張で辞書データを内蔵してローカルに持つものや、構文解析器や画像解析など大きめの機械学習データを使いたい拡張機能では問題になる。

　英訳拡張のMouseDictionaryでは、Webから辞書ファイルをダウンロードする初期設定を行うことで、4MB制限を回避して巨大辞書データを使用している。

　筆者が作成したlina_dicto_for_webextensionsでは、エスペラント語を日本語訳するための辞書データが4MBを超えていたため、辞書の登録単語数などを減らして対応した。

　具体的には、単語辞書として文字数の多い固有名詞を省いたり、訳文の日本語から単語を減らしている。

　また、辞書データのJSONシリアライズもインデントなどをファイルサイズに配慮したものにしている。

　あくまで「1ファイルあたり4MB」なので、「辞書ファイルなど巨大ファイルを4MB未満毎で分割してパッケージ化し、拡張機能の起動時などに結合して使う」という方法は考えられるが、筆者

は試していない。

また、方法としてストアからペナルティを受けても仕方ないルール回避と思われるので、推奨しない。

7.2　ストア表示用スクリーンショット (chrome)

1280x800pxのスクリーンショットを用意する必要がある。

pxを縮小してもよいが、拡大してはいけない。

表示や変更のサイズが小さく必要サイズでスクリーンショットを撮れない拡張機能は、OSのディスプレイDPIを300％などにして文字サイズなどを大きくしてスクリーンショットを撮るとよい。

7.3　アイコン (chrome)

128x128pxの「ショップアイコン」を用意する必要がある（アップロードしたWebExtensionsから自動で読み込まれる）。

chromeのストアはWebExtensionsから読み出したアイコンを自動登録することがある。

そのため、デフォルトでactionのiconにdisableな灰色アイコンを登録しているアプリは、ストアでの表示も灰色アイコンになってしまうこともありうるので注意する。

7.4　ビルド前プロジェクトおよびビルド手順の提示 (firefox)

FireFoxではビルドシステム等を通して作ったWebExtensionsについて、ストアへアップロードする際に、リリースパッケージと共にビルド手順およびビルド前のプロジェクト状態の提出を義務付けている。

具体的には、

・TypeScriptで開発しておりコンパイルしている

・browserifyなどのモジュールバンドラで結合している

・ReactやVueといったUIライブラリーからHTMLやJSに展開した状態で配布

・難読化ツールを通してある

など。

ようは、配布パッケージだけでは中のコードを審査できない拡張機能に対して、コンパイル前の可読な状態での審査登録を求めている。

lina_dicto_for_WebExtensionsは初期からバッチで変換をかけて生成した辞書データを用いていたが、変換済みデータをリポジトリーに置いてかつ配布物にも含めており、バッチ等は不要と判断して審査に提出はしなかった。

そのうちDanTagCopyなどでモジュールバンドラを使うようになったため、プロジェクトを提出しなければならなくなったのだが、gitコマンドで最新のarchiveを生成することができるため、それを提出した。

いまはモジュールバンドラと共に導入したnpmのpackage.jsonに、提出用プロジェクトを生成す

るコマンドを追加しているため、npm run sourceなどと入力すると、プロジェクトを固めた提出用zipが生成されるように整備した。

ビルド手順については、環境構築も含めてREADME.mdにコマンド等で記載しておくことで、ストアアップロード時の説明は「ビルド手順は全てREADME.mdに記載(意訳)」と指すだけで済ませることができている。

筆者がWindowsを使っていないため、ビルド環境はUbuntuのみ対応としているが、いまのところ審査に通っている。

7.5 使用permissionに対する説明(chrome)

Chromeではストア公開するにあたり、使用するpermission毎に理由の説明を求められる。DeveloperDashboard上の拡張機能の ビルド > プライバシーから入力する。

図7.1: ChromeWebストアのプライバシー項目

リリースパッケージをアップロードすると、自動で説明が必要な権限を読み取り、入力欄が用意される。

理由自体はあまり考える必要はなく、説明の文量も一言程度あればよい。

図 7.2: ChromeWeb ストアのプライバシー項目の入力

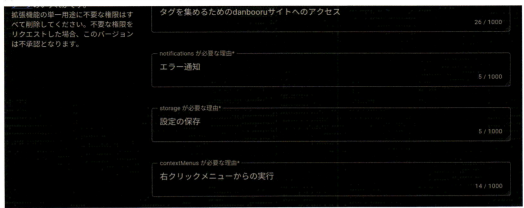

なお permission のうち、『ホスト権限』については特別審査に時間がかかるという警告まで表示される。

図 7.3: 『ホスト権限』は審査に時間がかかる警告

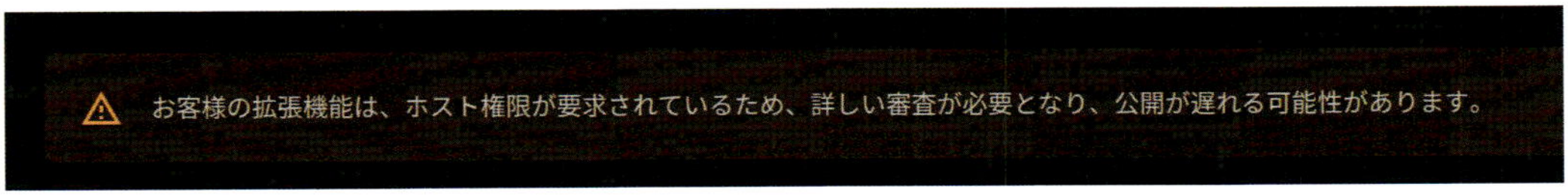

第8章 WebExtensionsとスレッド/プロセス

　ブラウザーページのJavaScript、ページスクリプトはシングルスレッドであることが知られている。

　この言語設計は、マルチスレッドというあまりに容易にメモリーが破壊されるため人類には早すぎる旧来言語レイヤからプログラマを守ってくれる。

　具体的には、ページスクリプトとContentScriptそれぞれが勝手にDOMに触っても、mutexは不要であるし、DOMがメモリーレベルで壊れてブラウザーがクラッシュしたりはしない。

　ただし、JavaScriptで重い処理をすると、ブラウザーがフリーズする。

　描画更新が止まってユーザー操作に反応しなくなるという、あまりに好ましくない反応を示す。

　また、非同期なメソッドによりプログラマの意図とは異なるタイミングとなったDOMアクセスが、思わぬ結果をもたらすことはある。

　これらの問題はページスクリプトのみでも発生する話なのだが、WebExtensionsはページスクリプトの外側との交信が加わる。

　そのため、ただでも人類の脳から漏れるスレッド/プロセス問題の上に、登場人物が増えて複雑化しデバッグを困難にさせる。

　本章はどちらかというと知的好奇心を刺激する余興としての比重が大きいが、実用的な問題意識としては、

- 『非同期で結果が返ってくるまでに、対象のDOM要素がツリーから消えていたりするのではないか』
- 『WebExtensions側で画像処理やダウンロードZIPファイルの生成をやっている間に、ページがフリーズしたりしないか』
- 『逆にWebExtensions側の処理中に、ページ上操作のロックが必要ではないか』

　といった状況で、不具合が発生した際に原因の候補としてJavaScript特有のスレッド挙動が挙がること、ひいてはWebExtensions開発のデバッグを可能・容易にする挙動の把握・知識・検索キーワードの提供という意図がある。

　なお、本章で扱うブラウザーのページスクリプトのスレッドおよびWebExtensionsのプロセスまわり挙動の詳細については、十分なドキュメントが見つけられなかったため、検証用コードによる実機挙動からの推測などを多く含む。

　ちなみに、ページスクリプト上で別プロセスを扱うAPIはServiceWorkerと名付けられており、chrome manifest V3におけるBackgroundのスクリプトと同じ名前で紛らわしい。

8.1　ページスクリプトのスレッドと再描画

　日頃Webフロントエンド開発をしている方には概ね既知の内容かと思うが、まずはWebExtensionsに絡まないページスクリプトのスレッド事情を振り返る。

ページの描画は、ページスクリプトが動作するシングルスレッドが動作していないタイミングで行われる。

そのためDOMをどれだけ弄っても、ページスクリプトが終了して握っていたスレッドを手放すまでは再描画が発生しない。

ページスクリプトが動作している間は、スレッドは握られたままであり、DOMをどれだけ変更しても表示に反映されない。

つまり、（CSSを使わず）JSでアニメーションやプログレス表示を実現しようとした場合に、

```
while(0){
  marquee_text.x += 200
  progress_text.textCotent = countup()
  sync_wait_msec(200) // そもそもブラウザーのJSに同期でwaitするAPIはない
  page_rerendering() // などと再描画を強制させるAPIもない
}
```

といった書き方はできず、

```
let update = () => {
  marquee_text.x += 200
  progress_text.textCotent = countup()
  setTimeout(update, 200)
}
update()
```

とする必要がある。

図8.1: JSのスレッド

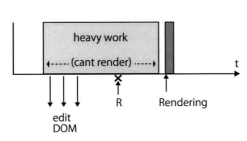
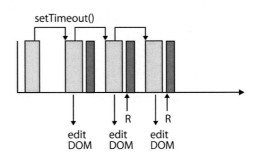

『DOM更新された場合に再描画をタスクキューに積む』と言い表すこともできるが、『ページスクリプトがスレッドを手放した後に、ブラウザー側で再描画が必要かチェックが行われる』と言った方が実態に近いのではないかと思われる。

サンプルコードでsetTimeout()を使うのはMDNなどでも使う解説テクニックで、非同期なAPIの解説に多用する。

Ajax, REST等で用いるXMLHttpRequest()による挙動を接続相手なしに模擬できる。

図8.2: setTimeoutテクニック

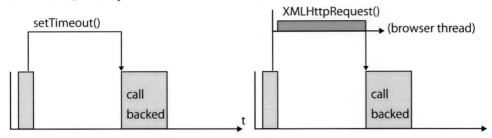

また今回大いに活用する便利な性質として、setTimeout()が非同期のコールバックを未来に呼び出す挙動がある。

setTimeout()は指定秒後にコールバックを即座に実行するのではなく、一旦タスクキューにキューイングする（キューイングされたタスクの実行順はブラウザ実装による）。

そして別のJS処理が実行中でスレッドが使用されている場合、コールバックはキューイング状態で待たされるため実行が後の時間にずれる。

つまり、setTimeout()コールバックの呼び出しが指定秒後よりも遅れた場合、『ページのスレッドが使われており他の処理が実行中』と推測することができる。

図8.3: JSのキューイング

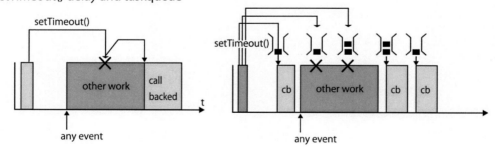

端的に言って、現代のブラウザーはOSそのものだといえる。タブというVM環境内でページというアプリが稼働しており、ページスクリプトがスレッドを奪い合い譲り合う仕草は（ときにロックを引き起こすあたりが特に）協調性マルチタスクというMSDOS時代の古いプロセス管理方式に似ている。

また念のため注釈しておくと、コールバック応答でもasyncメソッド化したとしても、ページの

スレッドで実行されるのは変わらないので、切れ目なく時間のかかる処理をブラウザーAPIの向こうではなくページスクリプトで行う場合、やはりスレッドを専有し、UIはロックする。

8.2　コンテンツスクリプトのスレッド

ページスクリプトとコンテンツスクリプトは、同じスレッド上にあり、同じDOMにアクセスする。これらは推測と挙動からして、ページのスレッドを共有してシングルスレッドで動作している。

別スレッドになっている場合、DOMアクセスの競合でメモリーが壊れる可能性があるため、（DOMインターフェースの内外はともかく）mutexが必要となってしまうこともあり、考えづらい。

また、バックグラウンドからコンテンツスクリプトへメッセージを送ると、コンテンツスクリプト側にメッセージ受信コールバックが発生する。

なおこれの傍証としては、サンプルの100_threadingに、

・ページスクリプトがスレッドを握っているとき、コンテンツスクリプトのコールバックが並行
　実行されるか、それとも遅延するか
・ページスクリプトとコンテンツスクリプトが逆の場合に、同じく遅延するか

を確認することができる検証コードを用意している。

検証コードは具体的には、setTimeout()で呼ばれるコールバックと、スクリプト上でスレッドを長時間握るようにした無限ループ（または巨大な桁数カウントアップだけして抜ける）を用意することで、偶然を待たずユーザーに見えるタイムスケールでスレッド利用が衝突するようにしてある。

図8.4: JSコールバック衝突サンプルコードの実行ログ

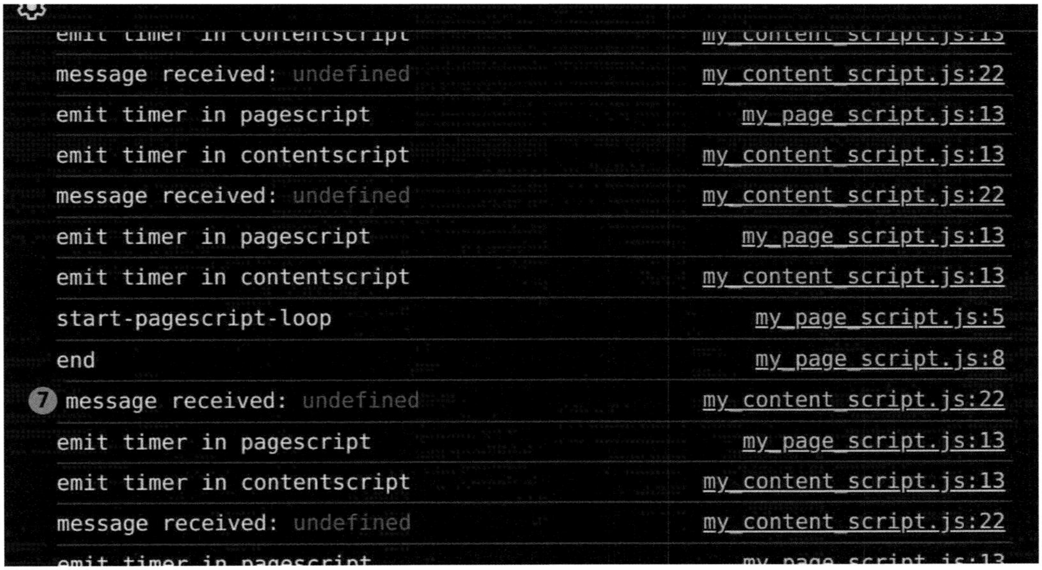

少なくとも筆者が確認した環境では、遅延する動きを示し、並行実行は見られなかった。

8.3 バックグラウンドのプロセス

　バックグラウンドのスクリプトは、タブのスクリプトおよびスレッドとは別のプロセスで動作している。

　バックグラウンドは、ブラウザーからのコールバックとWebExtensions要素間のメッセージで他とやりとりしている。

　WebExtensions内の「協調性マルチタスク」的な仕組みの中で記述されるメッセージ受信コールバックの実装は、昔懐かしいWin32APIのウィンドウプロシージャを思い起こさせるものがある。

　まず確認しておきたいこととして、バックグラウンドからのメッセージを受け取ったときのコンテンツスクリプトのメッセージ受信コールバックが遅延する（ここでは念のため程度に検証してみたが、組み込みではOSのVMが薄くCPUが少ないため、メッセージ駆動と称して元スレッドが勝手にコードを実行する場合がある）。

図8.5: JSメッセージ衝突サンプルコードのログ

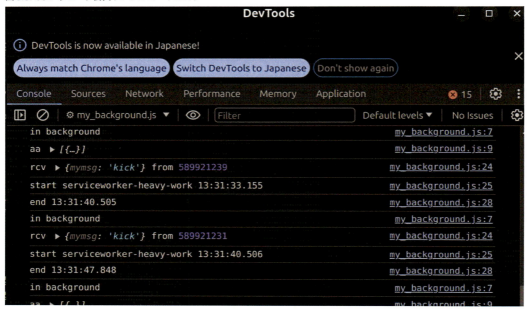

　次に逆方向のメッセージ、コンテンツスクリプトからのメッセージを受け取ったバックグラウンドの挙動を確認する。

　バックグラウンドのスクリプトは、概念的に『バックグラウンドページのページスクリプト』でもある。

　重要なのは、コンテンツスクリプトはタブの数だけ存在しうるが、バックグラウンドはブラウザー全体にひとつしか存在しないことだ。

　つまり、別々に動いているコンテンツスクリプトの各スレッドから送られてくるメッセージを、バックグラウンドは1プロセス1スレッドでハンドルする必要がある。

　実用のWebExtensionsでこれを考慮する必要のあるシチュエーションとしては、複数ページから

56　　第8章　WebExtensionsとスレッド/プロセス

同時にメッセージが送られてきて衝突するなどといった状況が考えられる。

また、Web APIをコールするなら非同期だが、バックグラウンドのプロセスで同期的に画像編集したり巨大な辞書データを引くなどして処理に時間がかかった場合、バックグラウンドが長時間ロックする状況が起こりうる。

図8.6: JSの外部プロセス

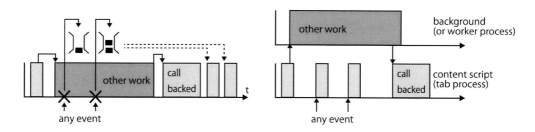

結論としては、バックグラウンドへのメッセージは、単純にブラウザーのメッセージキューに積まれる。

バックグラウンドで時間がかかる処理をしている最中に、ページからメッセージが送られてきた場合、受信コールバックは処理完了まで遅延するように観察された。

これもまたサンプルプログラムを用いて、傍証を確認することができる。

具体的にはバックグラウンドで時間のかかる処理を行っている間に、ボタンクリックでページスクリプトからメッセージを送信することができる。

手元の環境では、バックグラウンドの処理が終わるまで、メッセージ受信のコールバックが遅延することが確認できる。

またバックグラウンドのメッセージ受信が遅れても、その間ページスクリプト側はブロックしないことも確認できた。

第9章　API互換

そもそもWebExtensionsにおける非互換には、

・ブラウザー間差異(実質的にはChrome系とFireFoxの間の違い)

・VM2,MV3の違い

の2種類がある。

2023年現在、FireFoxがMV2、ChromeがMV3であるため、この非互換は混同されがちであるし、区別の必要があまりないとも言える。

互換性確保については、FireFox側(mozilla)が努力している。

・mozillaがchromeでbrowserの一部APIを使用できるpolyfillを提供している

・FireFoxはchrome.*()系の一部APIを実装している

結果、クロスブラウザーなWebExtensionsを開発するにあたり、message通信はchrome.*()系APIを用いるとどちらのブラウザーでも動く、といった状況となっている。

https://developer.mozilla.org/ja/docs/Mozilla/Add-ons/WebExtensions/Chrome_incompatibilities

[JavaScript API群のブラウザーの互換性]

https://developer.mozilla.org/ja/docs/Mozilla/Add-ons/WebExtensions/Browser_support_for_JavaScript_APIs

[manifest.json / ブラウザーの互換性]

https://developer.mozilla.org/ja/docs/Mozilla/Add-ons/WebExtensions/manifest.json

9.1　Chrome：メッセージ送信に失敗するとエラーとなる

Chromeではpromiseを取らないとwarningが出る(おそらく一部APIのみで、全てではない)。

また、chrome.tabs.sendMessage()の受信相手がいないと、warningが出る。

図9.1: Chrome - メッセージ受信相手不在Warning

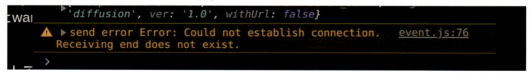

FireFoxではどちらも出ない。

https://blog.holyblue.jp/entry/2022/07/11/084839

(なお本件とは関係ないが、このページの記述的にChromeウェブストアはcontent_scriptsが使えない模様)

図9.2: Chrome - メッセージ送信失敗エラー

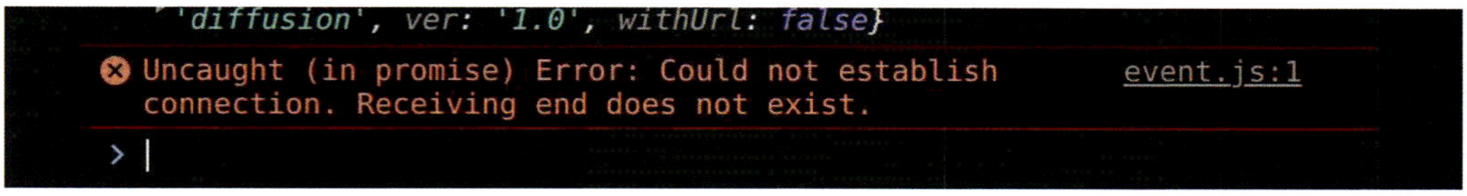

```
            'diffusion', ver: '1.0', withUrl: false}
    ❌ Uncaught (in promise) Error: Could not establish        event.js:1
       connection. Receiving end does not exist.
    > |
```

content_scripsの読み込み忘れやonMessageのListen忘れなどでメッセージが受け取られないと、Promiseのcatchにエラーが捕捉される。

```
Error: Could not establish connection. Receiving end does not exist.
```

9.2　ブラウザー種別の判定

API互換やpolyfillで対応できない部分については、Chrome・FireFoxのブラウザー判定を行い分岐処理する。

判定には以下の方法がある。

・browserの有無

・getBrowserInfo()でブラウザー名を取る

それぞれ、

・browserの有無はpolyfillして定義してしまうと判定に使えなくなる。

・broser.runtime.getBrowserInfo()はbrowser下にあるのでそもそも(polyfillしないと)chromeで使えない。

ため、polyfillの有無で使い分ける。

9.3　polyfill

FireFox向けに書いたWebExtensionsをChromeで動かすことのできるpolyfillが提供されている。制作はFireFoxのmozilla。

https://github.com/mozilla/webextension-polyfill

ただし、全てのAPIが対応しているわけではなく、「標準化されたbrowser.*()系のPromiseベースAPIのみ」と限られているため、対象外のAPIについては拡張機能側で個別に独自対応する必要がある。

なお、Chromeのmessage系のAPIはpromiseを返すが、mozillaのドキュメントでは「ChromeのAPIはコールバックを返すもの」だとされている(FireFox上に実装されているChrome系互換APIはコールバックを返すためその話か、あるいはMV2時代の話をしているのかもしれない)。

9.4　chrome.*系APIの非互換

FireFoxは互換性のためにchrome.*()系APIを実装しているが、2023年時点で一部メソッドが

promiseを返さない。

background.js
```
let promise = chrome.storage.local.set(myconf)
promise.then(
  () => {console.log('saved')}
  ).catch((e) => {
    console.warn('save error', e)
  })
```

chrome.storage.local.set()などは、失敗が取れないだけで使用できる。

このAPIをFireFoxで使用する場合、失敗が検出できない想定で使う必要がある。

chrome.tabs.query()も存在するが、これはpromiseを受け取れなければ意味のない関数である。

background.js
```
 // firefox
let querying = browser.tabs.query({active: true, lastFocusedWindow:true})
querying.then(onSelectedTabs, onError);
----
 // chrome
let querying = chrome.tabs.query({active: true, lastFocusedWindow:true})
querying.then(onSelectedTabs).catch(onError);
```

なお、2024年に再確認した際には、chrome.tabs.query()のコールバックはFireFoxでも問題なく使用できている模様。

```
chrome.tabs.query({ active: true, currentWindow: true }, (tabs) => {
  chrome.tabs.sendMessage(tabs[0].id, {'mymsg':"message from bg"})
})
```

付録A　その他の経験やTIPS

A.1　セキュリティー等で使用できない機能

下記は、必ずしも全てが禁止されているわけではないが、使用を避けたほうがよい。

innerHTMLは使用禁止

innerHTMLはセキュリティー上の問題があるため、mozillaのストアの審査で弾かれる。
https://developer.mozilla.org/ja/docs/Web/API/Element/innerHTML
また代替として紹介されているsetHTMLは、重要なSanitizerの使用可能環境が限られるという問題がある。

chrome.extension.getBackgroundPage()

chrome.extension.getBackgroundPage()は、プライベートブラウズモードで使用できない。
https://developer.mozilla.org/en-US/docs/Mozilla/Add-ons/WebExtensions/API/extension/getBackgroundPage
またMV3以降、デフォルトでbackgroundがEventPageモードとなっており、メモリー等節約を目的に数秒でbackgroundが一旦消滅する(「無効」状態)。
そして無効になっていると、getBackgroundPage()からはnullが返ってくるため使えない。
content_scriptsからメッセージングを使わず同期的にbackgroundに定義した関数を呼べる、という用途でよく紹介されているが、使うべきではない。
何らかの理由でどうしても必要な場合は、chrome.runtime.getBackgroundPage()を使用する。
https://oxynotes.com/?p=8928(『ストレージを利用して変数をやり取りする』の項目)

廃止されたpage_actionキー(アドレスバーのアイコンボタン)

ブラウザーツールバー上の拡張機能アイコンとしてbrowser_actionを紹介した。
MV2ではbrowser_actionとpage_actionがある。
が、このよく似たbrowser_actionとpage_actionのうち、page_actionはMV3で廃止となった。
またMV2でも、FireFox v114.0時点でアイコンが表示されず、機能していない(筆者には機能させる方法が見つけられなかった)。
page_actionのアイコンはmoziilaのドキュメントではURLを表示するアドレスバーの右端に存在することになっており、FireFox 89.0でURL共有ボタンなどとともに3点アイコンに畳まれるようになったらしい。
https://support.mozilla.org/en-US/questions/1303042
FireFox 114現状、この3点アイコンは存在しない。

A.2　クリップボードAPIの不全

　chromeはオフスクリーンAPIなる機能でbackground.service_worker用の非表示のページを作れるらしいのだが、用例としてクリップボードコピーが登場する（いいのかそれ！？）。

　https://developer.chrome.com/docs/extensions/migrating/to-service-workers/

　というのも、chromeのWebExtensionsにはnavigator.clipboard.writeText()という立派なAPIがあるのだが、一時期Chrome拡張ではこのAPIの使用が避けられていた。

　代わりにdocument.execCommand('copy')のトリックを使っていた。

　なお筆者の経験としては、公開していた拡張機能でnavigator.clipboard.writeText()を使用せずcontent_script側でクリップボード書き込みを実装していたところ、「不要な"clipboardWrite"パーミッションを要求している」という旨で拡張機能の却下を受けたことがある。

A.3　拡張機能のインストール・アップデート・削除時にアクションする

　https://extensionworkshop.com/documentation/develop/onboard-upboard-offboard-users/

A.4　コンテンツスクリプトを挿入できないURLとページ

　コンテンツスクリプトを挿入しようとすると、エラーになるURLが存在する。

　content_scriptsキー・Script APIいずれにせよ、全てのタブへ無条件に流し込むとこれらのページへコンテンツスクリプトを挿入しようとしてしまうことがある。

　とはいえ、デバッグコンソールのログにエラーが残る以上の悪影響はないので無視してもよい。

　ログがwarnで汚れるのが気になる場合はブラックリスト的対応を行う。

　FireFoxでは、いくつかのURLでcontent_scriptsの実行が禁止されている。

　https://developer.mozilla.org/ja/docs/Mozilla/Add-ons/WebExtensions/Content_scripts

　Chromeは設定画面が、chrome://*なURLのタブとなっている。

　activeTab権限の説明ページのサンプルコードでは、特に説明なくchrome://*なURLを拡張機能によるDOM操作から除外している。

　https://developer.chrome.com/docs/extensions/mv3/manifest/activeTab/

　chrome-extension://*に対してコンテンツスクリプトを流し込みできない事例の報告：

　https://qiita.com/satumaimo_10/items/8984eeaba671dc69b9fb

　また、ブラウザー固有の「エラーページ」がオフラインなど通信エラーにより表示されるが、これらもコンテンツスクリプトを流し込むとエラーになってしまう。

　backgroundで有効なDOMを持つタブの変更（開かれたこと）をチェックするコードは、下記のようになる。

background.js
```
chrome.tabs.onUpdated.addListener((tabId, changeInfo, tab) => {
  if (changeInfo.status === 'complete' && tab.active) {
    // changeInfo.status === 'complete' // details.errorOccurred
```

A.5 不完全なエラーの通知

　WebExtensions開発中によくやる凡ミスおよび、ミス発生時にエラー通知してくれない事例を紹介する。

　とはいえ、エラー発生時の動作が定義されないであろう不定な領域の話なので、ブラウザーバージョンによって変わっていくと思われるので参考程度に。

popupのHTMLファイル配置忘れ

　popupのhtmlなどを配置し忘れた場合、FireFoxではこうなる。エラーメッセージは出ない。

図A.1: popupのHTMLファイル配置を忘れた場合の表示

popupのデバッグコンソール

　popupのコンソール出力はアドオンタブの「調査」ボタンからのbackgroundの「開発ツール(Developer Tools)」コンソールに一緒に出力されるのだが、このウィンドウを動かそうとするとpopupが閉じてしまう。

　Chromeの場合はpopup上で右クリックメニュー「検証」からpopup独自の「DevTools」コンソールが開くようになっているが、Chromeの場合はDevToolsを動かしてもpopupは閉じない。

content_scripts jsファイル配置忘れ

　FireFoxはWebコンソールにundefined: undefinedという意味不明のエラーメッセージ（行番号なし）を表示するのみ。

図 A.2: Firefox - content_scripts の js ファイル配置忘れエラーメッセージ

なお、対する chrome は起動時にダイアログで通知してくれる。

図 A.3: Chrome - content_scripts の js ファイル配置忘れエラーダイアログ

FireFox で console.log メッセージが表示されない

TL;DR:
FireFox が 2023/06 FireFox 114.0 時点で manifest v3 に対応していないにもかかわらず、エラーを全く出さないため。
https://blog.michinari-nukazawa.com/2023/06/firefoxcontentscriptsconsolelog.html
ブラウザーコンソール (Ctrl+Shift+J で開く) は関係ない。

シンボリックリンクが含まれたパスでブラウザーがデバッグ起動できない

Ubuntu で拡張のディレクトリパスがシンボリックリンクを含む場合、FireFox,Chrome 共に、デ

バッグプロファイルのブラウザーの起動に失敗する。

web-extによるFireFoxの起動：

図A.4: Firefox - デバッグ起動の失敗

メッセージは下記の通り。

```
Your Firefox profile cannot be loaded. It may be missing or inaccessible.
```

コマンドラインによるChromiumの起動：

図A.5: Chrome - デバッグ起動の失敗

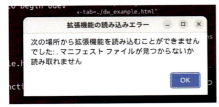

メッセージは下記の通り。

```
次の場所から拡張機能を読み込むことができませんでした：. マニフェスト ファイルが見つからないか読み取れません
```

chrome.action.onClicked を使うには manifest.json に "action" が必要

パーミッションは不要だが、パーミッションとは別にキーを追加する必要がある。

キーだけあれば、中身は空でよい。

manifest.json 追記

```
"action": {},
```

図 A.6: manifest.json に"action"が足りないエラー表示

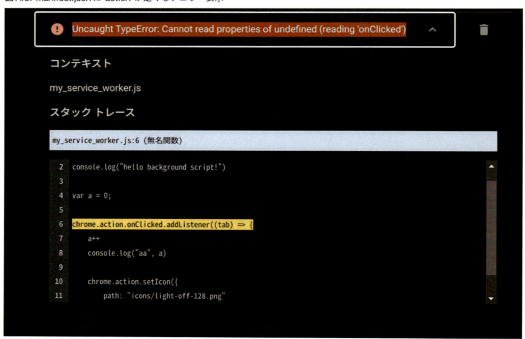

エラーメッセージは下記の通りで、キー追加が必要とは言ってくれないので注意。

```
Uncaught TypeError: Cannot read properties of undefined (reading 'onClicked')
```

Information

Mail:mailto:michinari.nukazawa@gmail.com
twitter:https://twitter.com/MNukazawa
Pixiv/BOOTH:https://daisy-bell.booth.pm/

図 1: 筆者の Pixiv/BOOTH への QR コード

Product UUID
427a5630-9fd3-4ee6-b245-bcdd3f1f5678

著者紹介

Michinari NUKAZAWA

「人月の神話」「30日でできる！OS自作入門」「Joel on Software」に薫陶を受けた、自称
フルスタックフォントエンジニア。

◎本書スタッフ
アートディレクター/装丁：岡田章志＋GY
編集協力：山部沙織
ディレクター：栗原 翔
表紙イラスト：がんど

技術の泉シリーズ・刊行によせて
技術者の知見のアウトプットである技術同人誌は、急速に認知度を高めています。インプレス NextPublishingは国内
最大級の即売会「技術書典」（https://techbookfest.org/）で頒布された技術同人誌を底本とした商業書籍を2016年
より刊行し、これらを中心とした『技術書典シリーズ』を展開してきました。2019年4月、より幅広い技術同人誌を
対象とし、最新の知見を発信するために『技術の泉シリーズ』へリニューアルしました。今後は「技術書典」をはじ
めとした各種即売会や、勉強会・LT会などで頒布された技術同人誌を底本とした商業書籍を刊行し、技術同人誌の普
及と発展に貢献することを目指します。エンジニアの"知の結晶"である技術同人誌の世界に、より多くの方が触れ
ていただくきっかけになれば幸いです。

インプレス NextPublishing
技術の泉シリーズ　編集長　山城 敬

●お断り
掲載したURLは2024年9月1日現在のものです。サイトの都合で変更されることがあります。また、電子版ではURL
にハイパーリンクを設定していますが、端末やビューアー、リンク先のファイルタイプによっては表示されないこと
があります。あらかじめご了承ください。
●本書の内容についてのお問い合わせ先
株式会社インプレス
インプレス NextPublishing　メール窓口
np-info@impress.co.jp
お問い合わせの際は、書名、ISBN、お名前、お電話番号、メールアドレス に加えて、「該当するページ」と「具体的
なご質問内容」「お使いの動作環境」を必ずご明記ください。なお、本書の範囲を超えるご質問にはお答えできないの
でご了承ください。
電話やFAXでのご質問には対応しておりません。また、封書でのお問い合わせは回答までに日数をいただく場合があ
ります。あらかじめご了承ください。

●落丁・乱丁本はお手数ですが、インプレスカスタマーセンターまでお送りください。送料弊社負担 てお取り替えさせていただきます。但し、古書店で購入されたものについてはお取り替えできません。
■読者の窓口
インプレスカスタマーセンター
〒101-0051
東京都千代田区神田神保町一丁目105番地
info@impress.co.jp

技術の泉シリーズ
JavaScriptで作るいまどきのブラウザ拡張

2024年11月8日　初版発行Ver.1.0（PDF版）

著　者　　Michinari NUKAZAWA
編集人　　山城 敬
企画・編集　合同会社技術の泉出版
発行人　　高橋 隆志
発　行　　インプレス NextPublishing
　　　　　〒101-0051
　　　　　東京都千代田区神田神保町一丁目105番地
　　　　　https://nextpublishing.jp/
販　売　　株式会社インプレス
　　　　　〒101-0051　東京都千代田区神田神保町一丁目105番地

●本書は著作権法上の保護を受けています。本書の一部あるいは全部について株式会社インプレスから文書による許諾を得ずに、いかなる方法においても無断で複写、複製することは禁じられています。

©2024 Michinari NUKAZAWA. All rights reserved.
印刷・製本　京葉流通倉庫株式会社
Printed in Japan

ISBN978-4-295-60306-1

●インプレス NextPublishingは、株式会社インプレスR&Dが開発したデジタルファースト型の出版モデルを承継し、幅広い出版企画を電子書籍＋オンデマンドによりスピーディで持続可能な形で実現しています。https://nextpublishing.jp/